COMMENT ON DÉFEND

SA

BASSE-COUR

LA LUTTE

Contre les Maladies des Volailles et des Oiseaux

PAR

Aug. ELOIRE

Médecin-Vétérinaire
Ex-Vétérinaire du dépôt de Remonte de La Capelle
Ex-Rédacteur au *Poussin*, à l'*Aviculteur*
Collaborateur de la Société Nationale d'Aviculture de France
et de sa *Revue Avicole.*

PARIS

SOCIÉTÉ D'ÉDITIONS SCIENTIFIQUES

4, RUE ANTOINE-DUBOIS, 4

ET PLACE DE L'ÉCOLE DE MÉDECINE

COMMENT ON DÉFEND

SA BASSE-COUR

*La lutte contre les Maladies des Volailles et des Oiseaux
de sport et d'agrément*

COMMENT ON DÉFEND

SA

BASSE-COUR

LA LUTTE

Contre les Maladies des Volailles et des Oiseaux

PAR

Aug. ELOIRE

Médecin-Vétérinaire
Ex-Vétérinaire du dépôt de Remonte de La Capelle
Ex-Rédacteur au *Poussin*, à l'*Aviculteur*
Collaborateur de la Société Nationale d'Aviculture de France
et de sa *Revue Avicole*.

PARIS

SOCIÉTÉ D'ÉDITIONS SCIENTIFIQUES

4, RUE ANTOINE-DUBOIS, 4

ET PLACE DE L'ÉCOLE DE MÉDECINE

AVANT-PROPOS

Aujourd'hui, que, dans la médecine Vétérinaire, de même que pour la médecine humaine, l'empirisme et les remèdes de bonne femme ont fait place à la vraie science représentée par le médecin vétérinaire, je ne pouvais mieux faire que de choisir l'un des plus compétents, parmi ces derniers, pour traiter, dans notre collection des « *Comment on défend* » les diverses maladies qui atteignent nos animaux domestiques. *Nous commençons par « Comment on défend sa basse-cour. »* Ce nouveau numéro sera, j'en ai la conviction, des plus utiles aux éleveurs, aux fermiers, aux amateurs, aux colombophiles civils et militaires, car ils trouveront condensé en un petit volume, tout ce qu'il est indispensable d'avoir immédiatement présent à la mémoire pour guérir ou pour se préserver des épidémies. Le lecteur se fera même un devoir de propager notre utile *vade mecum.*

Dr Henry LABONNE,
Licencié ès-sciences naturelles,
Directeur de la Collection.

SA
BASSE - COUR

LA LUTTE

Contre les Maladies des Volailles et des Oiseaux

Acariase des sacs aériens. — Sorte de gale (*acarus*), vivant parfois dans les sacs aériens des oiseaux. Se reconnaît à l'autopsie des malades.

Les vapeurs sulfureuses étant toujours de tous les remèdes le meilleur contre la gale, faire des *fumigations sulfureuses* très légères, compléter par l'addition de *Poudre de fleur de soufre* dans la pâtée ou de granules *de sulflydal Chanteaud*.

Acariase de la hupe des Poules huppées. — Les poules de Padoue. Crèvecœur, Houdan, etc., sont quelquefois sujettes à recéler dans leurs huppes un parasite spécial, petit insecte rouge (à huit pattes); ce qui le différencie des poux ordinaires. On le traitera comme les poux (voyez ce mot), par les bains de corps et de tête compris avec les précautions recommandées, et par les *fumigations sulfureuses* du poulailler,

Acariase trombidienne. — Causée par la larve du trombidion (*rouget* ou *pou d'août*), sorte de petite araignée rouge cramoisi, veloutée (Trombidion soyeux), qui vit dans les jardins. Ses larves sont fréquentes et nombreuses sur les gazons des pelouses en juin et juillet. Elles peuvent s'attaquer sur la peau des poussins non encore emplumés, de même qu'elles se fixent sur la peau de l'homme, du chien et d'autres animaux sauvages ou domestiques, pour y vivre quelque temps en parasites et y causer de très cuisantes démangeaisons. Un simple *bain sulfureux* peut suffire à les détruire s'ils sont nombreux. S'ils sont simplement localisés sur la peau, par petits points rouges que l'on peut voir distinctement à la loupe, il suffit de les toucher avec une *goutte de benzine*, de pétrole ou de *vaseline*. Ce traitement réussit aussi bien chez l'homme que chez les animaux.

Angine croupale. — (Voyez *Coryza* et *Diphtérie*).

Anomalies ou Monstruosités de l'œuf. — Ces faits, qui ne sont pas rares et qui paraissent extraordinaires, n'ont d'autre intérêt que ceux d'une simple curiosité. On peut rencontrer des œufs à coloration extraordinaire, noir, olive, olive très foncé, piqueté, des œufs mal conformés, avortés, bicornus, volumineux, à deux jaunes, des œufs inclus dans un autre (trois successifs), etc. Le docteur C. DAVAINE, dans un travail de près de cent pages, publié en

1860, dans les *Mémoires de la Société de Biologie*, a étudié les anomalies de l'œuf. Ceux de nos lecteurs que la question intéresse pourront s'y reporter.

Apoplexie cérébrale. — Maladie assez fréquente chez les oiseaux de basse-cour et d'agrément. Les poussins exposés en plein soleil en meurent fréquemment, les coqs à crêtes amputées y sont sujets. L'oiseau malade est étourdi, titube, tombe sur le sol comme pris d'ivresse, il meurt très rapidement. Une saignée à la veine de l'aile le guérit vite et bien, si on est prévenu à temps. Arroser la tête d'eau froide, mettre le malade à l'ombre, modifier le régime. Suivre le traitement préventif indiqué à l'*apoplexie pulmonaire* (*Voyez ce mot*). La privation de l'accouplement chez les mâles d'oiseaux d'agrément serait, paraît-il, une cause de la congestion du cerveau qui nous occupe ci-dessus. Un gramme d'*iodure de potassium* dans l'eau des abreuvoirs nous paraît indiqué avec également le *sel de Vichy* à 2 ou 3 0/0.

Apoplexie pulmonaire. Coup de sang. — (Voyez *congestion pulmonaire*).

Argas des Pigeonniers. — Parasite heureusement assez peu répandu et qui a beaucoup d'analogie avec la tique *Ixode* ou *Tiquet du chien*. Il a la taille d'une grosse punaise de couleur brun rouge, *possédant 8 pattes*. Le dos de l'insecte est plat et reste plat même lorsqu'il est gorgé de sang. Le mâle est plus petit que la femelle qui peut atteindre 5 millimètres de longueur. On a dû le confondre fréquemment et à première vue avec la punaise, qui, elle, *n'a que six pattes*.

On s'en débarrasse de la même façon et par les mêmes moyens que la punaise. — (*Voyez ce mot*, page 40).

Arrachage des plumes des oiseaux, soit entre eux, soit par eux-mêmes. — (Voyez *Picage*).

Arthrite des jeunes oiseaux. — Elle a beaucoup d'analogie avec la même maladie que chez les grands animaux domestiques qui est due à une infection du cordon ombilical, immédiatement ou quelques jours après la naissance. *Existe-t-il une analogie également dans la cause?* C'est de ce côté qu'il faudrait diriger les recherches. Elle est dans tous les cas beaucoup plus rare chez les oiseaux de basse-cour élevés en liberté, presque à l'état de nature, sous les soins de la mère, que ceux qui naissent artificiellement dans une couveuse et une éleveuse. Dès le début, un bain froid réussit assez souvent. Loger les poussins dans un endroit sec, modérer la ration azotée, viande ou *sang desséché*, y ajouter de la verdure à discrétion. Aux malades, bains froids de quelques minutes, une goutte ou deux de *solution de salicylate de soude* ou un *granule*, 2 fois par jour *de salicylate de lithine* au centigramme, pour parer aux accidents du côté du cœur toujours intimement liés à ces genres d'affections de nature rhumatismale.

Café en boisson, pincée de *sel de Vichy* comme préventif. Lait écrémé bouilli en boisson.

La tuberculose et la diphtérie sont souvent la cause de ces affections. — (Voyez ci-dessous *Arthrite de l'aile du pigeon*).

Arthrite du Jarret. — Maladie qui paraît fréquente chez les oiseaux de basse-cour; poules et canards. Il n'est pas facile d'en déterminer la cause. Après une boiterie de plus en plus intense qu'on met souvent sur le compte d'un coup, l'oiseau reste comme assis sur ses pattes et ne se déplace qu'avec peine. Le ou les deux jarrets sont chauds, douloureux, légèrement tuméfiés, l'articulation est enflammée, malade, du pus peut se former dans la jointure. Isoler le malade, le tenir dans un endroit sec et chaud, bains chauds, *Pommade de laurier* autour de l'articulation, *Teinture d'iode*, *Pommade contre les rhumatismes* à base d'acide salicylique. Sel de Vichy dans les boissons. — (Voyez *Goutte.*) — Envelopper la région malade dans un manchon d'*ouate* après chaque friction. (Voyez également la description ci-dessus en ce qui concerne la *Tuberculose* et la *Diphtérie*).

Arthrite de l'aile des pigeons. — On a beaucoup dit et beaucoup écrit sur cette question, sans grands résultats en somme, au point de vue pratique. On n'est même pas d'accord sur les causes de la maladie, comment s'entendre sur son traitement. La lésion existe dans l'articulation de l'aile qui reste traînante, l'oiseau est triste, se blottit dans un coin du colombier et ne bouge plus. On a invoqué l'hérédité, la nature rhumatismale des sujets, la fatigue des voyages, la nourriture, le froid humide, la malpropreté, la frayeur, les coups, toutes les causes banales en un mot ressassées toujours pour toutes les maladies en général, dont on ne sait que *bafouiller*. La tuberculose et la diphtérie, que personne ne songe à invoquer et qui mettraient tout le monde d'accord, même les partisans de l'hérédité qui tiennent le record, n'ont point, que nous sachions, encore été invoquées. Le croup provoque cependant des lésions articulaires chez l'homme; ses toxines, injectées expérimentalement à l'*Institut Pasteur*, ont amené de semblables résultats. Pourquoi le pigeon en serait-il exempt, lui si fréquemment ravagé par la diphtérie? — Ce qui vient à l'appui de cette thèse nouvelle, c'est que les médicaments purgatifs sont jusqu'alors ceux qui paraissent avoir donné les meilleurs résultats dans le traitement de cette maladie. On pourrait y joindre *acide salicylique, aloës et rhubarbe*, 0 gr. 40 par jour en deux fois, *acide salycilique* 0 gr. 06 par jour, 0 gr. 03 dans chaque pilule.

Bleime du pied. — (Voyez *Cors sous le pied des volailles*.)

Blessures. — Elles sont assez rares chez les oiseaux de basse-cour. On les traitera, comme toutes les plaies en général, par des lavages à *l'eau crésylée* tiède ou par une application, s'il y a lieu, de *topique*(1) cicatrisant appliqué au pinceau sur la lésion bien lavée, désinfectée et préalablement séchée avec un tampon d'ouate *hydrophile*.

Les blessures profondes pourront comporter un appareil de pansement ouaté et fixé avec des *bandes agglutinatives* au *collodion élastique*.

Cardite ou endocardite. — Inflammation du cœur, affection possible du cœur, peu connue, peu étudiée, très rare par conséquent. — (Voir pour le traitement, *Péricardite.*)

Castration ou Chaponnage. — Le chaponnage qui se fait de moins en moins depuis que l'élevage intensif des volailles a permis de faire un poulet bon pour la broche en quatre mois, est une petite opération qui consiste à ouvrir le ventre du poulet mâle, à lui détacher ses testicules et à lui refermer la plaie. Le meilleur moyen de réussir cette opération est de la voir pratiquer, de se faire donner une leçon et de se faire le doigté sur un oiseau mort, sacrifié pour la circonstance. La propreté des doigts et les soins de la plaie assurent la réussite de l'opération.

Chancre. — (Voyez *Diphtérie.*)

Choléra des Canards. — On a décrit un choléra des canards qui diffère, paraît-il, de celui des poules, par un microbe qui n'est pas le même. Au point de

(1) Teinture d'aloès, 5. Camphre pulvérisé, 1. Collodion riciné, 5. Éther sulfurique, Q-S. à la dissolution complète du mélange, A·E.

vue pratique, il est amené par les mêmes causes infectieuses du tube digestif.

Les mesures préventives et curatives sont les mêmes. — (Voyez *Choléra des volailles*.)

Choléra des Volailles. — Cette maladie, sur laquelle on a beaucoup dit et beaucoup écrit, n'a rien de particulier avec celle qu'a étudiée PASTEUR et qui n'était qu'une septicémie post-mortem développée dans le cadavre de tous les oiseaux morts, même des suites d'une pendaison. Le véritable choléra des poules est une entérite infectieuse et contagieuse, la diarrhée en est l'élément prédominant, les oiseaux malades sont en boules, les ailes tombantes, la crête décolorée, les plumes ternes, recherchant les coins sombres et mourant après trente-six ou quarante-huit heures de maladie. Ils meurent par série de cinq, six, dix têtes à la fois. Le mauvais régime, la malpropreté, la mauvaise qualité des eaux paraissent en être les causes de début, la contagion vient ensuite accentuer et s'ajouter aux effets primordiaux.

Modifier le régime, faire disparaître les causes, éviter la contagion en isolant les sujets sains de la basse-cour, relever l'alimentation abondante et saine, boissons pures coupées de vin ou café. Aux malades, *vin laudanisé*, 5 à 6 grammes de vin rouge et trois gouttes de *laudanum* par tête ; les heures qui suivent, une cuillerée à café d'eau *crésylée* à 5 0/0 ; désinfection à l'*eau crésylée* du poulailler ; brûler les cadavres. La vaccination préventive a été abandonnée pour les causes ci-dessus énoncées. La *Poudre souveraine* donne aussi de très bons résultats. Elle est composée de :

Gentiane pulvérisée.   20 grammes
Gingembre   10   —
Quinquina gris.....   30   —
Acide salicylique...   5   —

Une prise de 1/2 gramme par tête de volaille.

La vaccination préventive recommandée par Pasteur est abandonnée, il faut beaucoup compter sur l'hygiène et la désinfection.

Congélation de la Peau, des tissus sous-jacents et des extrémités. — A la suite des terribles hivers de ces dernières années où le termomètre a brusquement descendu bien au-dessous de zéro (6 à 10 — 0°), on a eu à constater des congélations des pattes, de la crête, etc., chez les oiseaux exposés en plein air, d'où la proposition d'amputer la crête chez les reproducteurs d'élite pour les soustraire à cette infirmité. Enduire de *Vaseline* les régions atteintes par la gelée, *Pommade de laurier*. On pourrait même au besoin, lorsqu'on craint les effets de la gelée, protéger chaque matin la crête des oiseaux de basse-cour par une onction de *Vasline simple ordinaire*.

Congestion pulmonaire. — Une alimentation riche en substances azotées, viande, sang, légumineuses, poussant à la production d'un sang épais avec l'influence d'un froid vif et sec, favorisent la congestion du poumon, Les oiseaux de volière y sont plus disposés que ceux qui vivent en liberté.

On ne s'aperçoit de l'accident, la plupart du temps que quand les oiseaux sont morts, en en pratiquant l'autopsie.

Modifier le régime dans le sens opposé à celui qui était adopté, donner de la verdure, des racines crues ou cuites, parer au froid dans la mesure du possible, purger au besoin et ajouter dans l'eau des abreuvoirs 20 grammes par litre de *Sel de Vichy*. Donner plus de liberté et diminuer la quantité des aliments.

Constipation. — La constipation est le signe certain de l'échauffement de l'intestin provoqué par une alimentation mal-appropriée. Les oiseaux fientent difficilement, ils font de fréquents efforts avant d'aboutir à n'expulser qu'un cylindre durci suspendu sous le croupion. On parera à la constipation par quelques gouttes *d'huile* ou de *glycérine* projetées dans le cloaque à l'aide d'une *petite seringue* ou d'une *poire à injection* ou en introduisant un peu de *Vaseline blanche* à l'aide du doigt dans le rectum. Ce premier danger étant disparu, on modifiera l'alimentation des oiseaux par l'addition de verdure, de racines crues ou cuites, de grins cuits, de graines de lin ajoutées à la ration, de *Sel de Vichy* dans les boissons, de pâtées émollientes à la farine d'orge mélangée à du lait écrémé. On purgera les oiseaux atteints ou menacés d'échauffement, à l'aide d'un peu de beurre contenant un *grumeau d'aloës* ou un gramme par tête de la *Poudre vermifuge* composée de mélange à parties égales de : poudre fraîche de noix d'Arec sommités d'absinthe pulvérisées, afin de nettoyer plus complètement l'intestin.

Group des Volailles. — (Voyez *Diphtérie*).

Coryza simple. — Le coryza est l'analogue du rhume de cerveau, il est presque toujours causé chez les oiseaux par des poulailers tenus trop chaudement. Lorsque les volailles sortent le matin, elles sont prises de froid et le coryza se déclare. La vie au grand air sous un simple abri, est préférable pour la santé des oiseaux au calfeutrage chaud et insalubre du poulailler. Fait remarquable, c'est souvent pendant la période la plus chaude de l'année que la maladie est la plus fréquente. Liberté grande des oiseaux, même la nuit, *fumigation aromatique de goudron de sapin* ou *d'essence de térébenthine*. Tenir le nez et les yeux très propres par des lavages à *l'eau crésylée tiède*. Chez les plus malades, versez dans les cavités nasales, à l'aide d'un compte-gouttes, du *vin rouge aromatique*, ou simplement *crésylé* (1). Alimentation sèche et de bonne qualité.

Coryza contagieux. — C'est le coryza simple compliqué ayant revêtu un caractère malin. Il est souvent le prélude d'affections plus graves des voies

(1) Vin rouge ordinaire, 100. Crésyl Jeyès, 2. Agiter le mélange.

respiratoires, le croup ou diphtérie, entre autres. La muqueuse qui tapisse le nez et les sinus maxillaires et orbitaires, sécrètent une humeur liquide, épaisse, gris sale, collante, qui obstrue les ouvertures et les cavités nasales en dégageant une mauvaise odeur. Les malades toussent, s'ébrouent, les yeux sont souvent affectés, pleureurs, les paupières collées les unes contre les autres. La respiration est difficile, la gorge (angine) est souvent prise.

Isoler les malades, désinfecter le poulailler à fond. Aux soins du **Coryza simple** (*voyez ce mot*) et pour éviter des complications graves, projeter matin et soir dans la gorge des malades une prise de *fleur de soufre* en poudre. Loger les malades dans un endroit chaud, sec, ayant un fort cube d'air, fumigations aromatiques, viande hachée en boulette dans le bec des malades qui ne s'alimentent plus, vin rouge et café en boisson, *poudre tonique* (*Voyez choléra des volailles*), aux sujets menacés de la maladie, *eau crésylée* partout, *sel de Vichy* dans les abreuvoirs.

Cors sous le pied des oiseaux. — Improprement qualifiée de *bleime*, non moins improprement qualifiée de *contagieuse*, cette affection est simplement un cor qui peut se produire sous le pied de toutes les volailles énormes et lourdes sautant de leurs perchoirs sur un sol dur. Après des foulures répétées chaque jour, la lésion se développe et fait boiter les malades qui peuvent être atteints des deux pieds à la fois. Du pus peut se former, le cor ayant la forme d'une pointe conique dont la base est en contact avec le sol, arrive parfois à immobiliser complètement le malade. On arrive, par des *cataplasmes de farine de lin crésylée* répétées, et en logeant les malades sur un sol composé de *Poudre de tourbe* légèrement humectée d'eau crésylée, à guérir les cors. On évitera le retour de semblables lésions en baissant les perchoirs et utilisant la *tourbe litière* sur le sol des poulaillers.

Crevasses aux pattes. — Par suite du séjour des oiseaux sur un sol argileux alternativement sec et humide, peut-être aussi par contagion, la peau se dessèche, se fendille et se casse. La *Vaseline* est tout indiquée, après un bain de pieds tiède dans un peu d'eau crésylée.

Déchirure du Larynx. — Cette lésion est assez rare et si nous la mentionnons ici, c'est plutôt pour prémunir les éleveurs contre la possibilité de cet accident que pour en indiquer les moyens de traitement. Lorsque l'on veut gaver un oiseau, que l'on s'y prend d'une façon maladroite en enfonçant brutalement le doigt refoulant les aliments dans la gorge, il arrive assez souvent qu'on déchire le larynx. Dans ce cas, *l'oiseau est perdu, bon à sacrifier tout au plus.* La lésion se manifeste par la présence d'une tumeur à l'endroit de la gorge, et quelquefois au milieu de la longueur du cou, tumeur qui se sent très bien en explorant la région avec le doigt.

Dermanysses des Poulailler. — Vulgairement connus sous le nom de *poux de poules*, ces parasites, bien qu'ayant toutes les analogies des poux, en diffèrent en ce sens qu'ils ont huit pattes au lieu de six. Ils sont petits, de couleur rouge et semblent avoir un fer à cheval dessiné sur le dos. Ils courent très vite sur la peau des volailles et surtout des poussins, sur le corps desquels ils viennent se repaître de sang pour se retirer ensuite dans les murs, les fentes, les perchoirs, le guano, etc. C'est cette variété qui, chez le cheval, amène cette maladie de peau connue sous le nom de *poux de poules*.

On les détruit comme les poux *(voyez ce mot)*, par des *bains sulfureux* ou des lavages sur le corps et par des *fumigations sulfureuses* dans les poulaillers ou les colombiers.

Dermatoses. — Existe-t-il chez les oiseaux comme chez l'homme, des maladies constitutionnelles causées, comme on disait dans la vieille médecine... par des *vices* du sang ou de la constitution : dartres, herpès, eczéma, etc. ? Cela n'est pas probable, bien qu'admissible, puisque même chez l'homme, le champ de ces prétendues maladies se rétrécit chaque jour davantage, grâce aux progrès de la science qui, poussant chaque jour ses études plus loin, a presque prouvé que beaucoup de ces prétendues maladies sont intimement liées à des névroses, hystérie, alcoolisme, écarts de régime, etc., etc.

Diarrhée. — Si la constipation est fréquente chez les oiseaux vivant en volière ou en cage, en revanche la diarrhée est fréquente chez les animaux de basse-cour vivant en liberté. La mauvaise alimentation, grains avariés, abus du son mouillé ou des pâtées liquides, soupes grasses, persistance des temps froids et humides, contagion de l'entérite infectieuse ou septicémique (*diarrhée verte*) (voyez *Septicémie*), diarrhée blanche ou crayeuse, due à l'excès d'acide urique, abus de la verdure, etc. Modifier immédiatement le régime vicieux, le remplacer par du grain sain et sec : blé, maïs, avoine, etc. : débarrasser les oiseaux et surtout les poussins de l'amas de *crotte* qui existe au pourtour de l'anus, couper les plumes englobées dans ce magma, graisser la peau irritée avec un peu de *Vaseline*. Loger les poussins dans un endroit sec, recourir aux farines de viande, sang desséché, pâtée à la poudre tonique dont la composition a été donnée à l'art. choléra (voyez ce mot), paté tonique et réconfortante, riz, eau ferrugineuse ou acidulée en boisson, *os concassés* pour volailles, suivant la taille des oiseaux.

Diphtérie. — Maladie contagieuse des volailles, la plus fréquente, la plus commune, celle qui cause le plus de ravage dans les poulaillers et colombiers, caractérisée par des plaques de fausses membranes épaisses, blanc jaunâtre, qui se développent sur les muqueuses des premières voies respiratoires, dans le bec, sur la langue, dans la gorge, le larynx, la trachée.

Dès qu'un cas apparaît, visiter tous les oiseaux, isoler les malades, désinfecter auges, mangeoires et poulaillers avec une *solution de sulfate de cuivre*, à 100 grammes par litre. Avec une solution à 15 °/₀°, lavage au pinceau des parties malades comme dans le coryza. — (*Voyez ce mot*). — Au bout de quelques jours, toucher les points réfractaires à l'aide d'un morceau de bois poreux trempé dans de la *Teinture d'iode*, enlever au pinceau les plaques qui se détachent et les détruire. Au point de vue pratique, sauf pour les oiseaux de prix, il est plus simple de sacrifier les malades que de les traiter; on n'est jamais assuré d'une guérison complète et certaine, on s'expose à entretenir la maladie et à la réintégrer dans la basse-cour ou le colombier avec les malades paraissant guéris. *La Poudre souveraine* réussit bien dans certains cas. (Voyez page 11.)

(*Voyez choléra des volailles*, pages 10 et 11).

Les injections de sérum anti-diphtérique de Roux à 3 centim. cubes comme curatif, et 2 centim. cubes comme préventif, sous la peau de la cuisse, nous a donné des résultats très encourageants sur des poules ravagées par la diphtérie. On doit, quand on le peut, toujours avoir recours à ce procédé. Ne pas oublier que la diphtérie des volailles est transmissible à l'homme et surtout à l'enfant. Le doute n'est plus permis.

Dysenterie. — Elle diffère de la diarrhée en ce sens que l'inflammation de l'intestin est plus grande et que du sang est mêlé aux excréments liquides, parfois en assez grande quantité pour tuer les oiseaux très rapidement. L'oiseau est triste, les plumes hérissées, en boule, les pattes froides, les déjections sanguinolentes sont parfois douloureuses. On lutte contre la maladie à l'aide de quelques gouttes de *Laudanum* mélangées à une cuillerée à café de vin rouge administré à chaque malade. On suivra le même régime que pour la *diarrhée*. — (*Voyez ce mot*). — On pourra donner en plus aux oiseaux de prix, ruinés par la maladie, des boulettes de viande fraîche hachée trempée dans de l'*huile de foie de morue*.

Le *Condiment* contre le choléra (Voyez ce mot) est surtout recommandé ; en faire avaler de force une cuillerée à café par jour dans quelques boulettes de pâtée à chaque tête, si l'oiseau refuse de s'alimenter lui-même. Oindre l'anus d'un peu de *Vaseline*, si cet orifice est irrité ou enflammé.

Echauffement de l'intestin chez les oiseaux. — (Voyez *Constipation*).

Ejointage. — Amputation des os de l'extrémité du fouet de l'une ou de l'autre aile d'un oiseau, dans le but de l'empêcher de voler. Sept ou huit plumes (rémiges) disparaissent de ce fait et rompent l'équilibre des deux ailes. Les *entraves pour oiseaux* rendent cette opération inutile. Il en existe de plusieurs modèles ; *l'entrave Voitellier* est surtout pratique et recommandable.

Entérite. — (Voyez *Diarrhée*).

Epilepsie. — Cette maladie nerveuse est caractérisée comme chez l'homme, par des accès convulsifs, séparés par des intervalles réguliers. Ils tombent du haut-mal. C'est principalement chez les oiseaux de cage, de volière ou d'agrément que l'on constate la maladie. Les oiseaux atteints finissent par périr à la suite d'un accès. *On ne connaît pas de traitement.* Le *bromure de potassium* est à essayer.

Fausse mue. — On désigne en aviculture, sous ce nom, la perte fréquente et continue des plumes des oiseaux. Les pigeons principalement paraissent susceptibles de contracter cette maladie. Sans rechercher là des causes d'hérédité, nous pensons que l'on doit adopter pour cette affection, le même traitement que pour la *pelade* (*Voyez ce mot*).

Folliculite œsophagienne du Pigeon. — Maladie spéciale de l'œsophage des pigeons ayant des petits qui viennent de naître et qui, pour une cause ou pour une autre sont disparus.

On guérit la maladie des parents en faisant disparaître la cause, c'est-à-dire en profitant, la nuit, de leur sommeil pour glisser dans leurs nids un pigeonneau *à peu près* du même âge soustrait à une autre couvée. Ce procédé ne réussit pas toujours, mais avec les pigeons voyageurs de race précieuse que possèdent beaucoup de colombiers d'amateurs, la mesure peut toujours être tentée. On surveille la conduite des parents, et si le pigeonneau est adopté, tout va bien ; s'il est bafoué au contraire, il faut l'enlever et le rendre à ses propres parents. Dans ce cas, les malades seront séparés et mis à la diète absolue jusqu'à guérison. Dès que le doigt, promené sur la longueur de l'œsophage ne sent plus de duretés : boissons vinaigrées ou chargées de *sel de Vichy*. En cas **d'abcès, d'obstructions ou de surcharges du jabot** (*voyez ces mots*).

Fractures. — Le bris des os est assez fréquent chez les oiseaux de basse-cour vivant en commun au milieu de tous les animaux de la ferme. Les pansements des fractures des os des membres inférieurs ou des ailes sont assez simples : ils consistent à mettre les os bien en rapport dans la direction bien normale du membre fracturé ; on enveloppe la fracture, préalablement bien lavée et désinfectée à l'*eau crésylée*, d'un morceau de *ouate hydrophile* dépassant largement au-dessus et au-dessous de la fracture, en la serrant modérément ; on pose des attelles en bois léger ou en carton qu'on fixe par quelques tours de laine modérément serrés, ou mieux encore, on se contente d'appliquer au pinceau, sur le pansement, quelques couches de *collodion élastique*. On donne d'autant plus de solidité à l'appareil qu'on augmente le nombre des couches successives. L'oiseau est maintenu en captivité pendant une quinzaine ; dès que l'appui est assuré, on peut lui rendre un peu de liberté et, au bout d'un mois, enlever le pansement à l'aide des ciseaux.

Gale du corps. — La gale du corps des oiseaux est relativement très rare, et encore, quand elle existe, n'est-elle que l'extension de la maladie de celle des pattes. L'acare, un peu dépaysé de son habitat ordinaire, vit assez mal en somme sur la peau et disparaît très facilement par un simple bain sulfureux que nous avons recommandé dans le traitement des *poux*. — (*Voyez ce mot*). — Comme la gale est généralement très localisée, si on juge qu'un bain ne soit pas nécessaire, on peut se borner à une simple friction de *pommade d'Helmérich* sur les points atteints.

Gale des pattes. — Les écailles des pattes des volailles donnent fréquemment asile à un parasite, cause de la gale, qui transforme la patte, et de lisse et brillante qu'elle est à l'état sain, elle devient énorme, écailleuse et se rapproche de l'aspect rugueux de l'écorce d'un vieux tronc d'arbre. Les écailles sont soulevées, poudreuses, et c'est entre ces écailles que vit et s'abrite l'acare, cause de ces désordres physiques. Presque toutes les volailles un peu âgées des basses-cours sont atteintes de cette maladie et en souffrent ; on a tort de ne pas y remédier. On prépare un bain sulfureux, 30 grammes par litre de *sel de Barèges* dans de l'eau chaude, et on trempe les pattes des volailles malades dans ce bain. Après une demi-heure, à l'aide de savon et d'une petite brosse dure à ongles, on brosse énergiquement, on laisse sécher, et la patte étant tenue en l'air, on frictionne de façon à faire pénétrer sous les écailles, de la *pommade d'Helmérich*. Si la gale est ancienne, renouveler l'opération après cinq ou six jours.

Gale des pattes des Pigeons et gale du corps. — De même que les gallinacés et autres oiseaux d'agrément, le pigeon a, lui aussi, mais plus rarement, une gale des pattes et une gale du corps. Cette maladie ne diffère en rien de la gale du corps ordinaire et exige, comme elle, les mêmes soins et le même mode de traitement. (Voyez plus haut, *Gale du corps des oiseaux*).

Gangrène de l'oviducte. — Par suite d'une inflammation exagérée de l'oviducte, provoquée par l'arrêt d'un œuf dans ce canal, il peut se produire une gangrène de l'organe. Ce n'est, en général, qu'à l'autopsie des malades que la maladie est connue. Le traitement serait, dans tous les cas, celui que nous avons indiqué pour l'inflammation de *l'oviducte* (*voyez ce mot*), en exagérant les *injections d'eau tiède crésylée* à 2 0/0 jusqu'à disparition de l'odeur.

Régime réconfortant, vin rouge, *acide salicylique* à l'intérieur, café en boisson, suralimenter la malade, lutter par tous les moyens contre l'infection septique.

Gangrène des pattes. — Maladie assez rare qui fait que les doigts, puis la patte complète se flétrit, se dessèche et tombe. Cette gangrène sèche envahissante paraît due à l'ergot de seigle ou des graminées, peut-être à une carie des grains du maïs. Elle est trop peu étudiée encore pour s'en faire une opinion juste. Surveiller la qualité des grains alimentaires, modifier le régime. *Pommade adoucissante* à la vaseline.

Gourme ou impétigo gourmeux. — Eruption de petites pustules à la peau de certains oiseaux, pigeons entre autres, ayant une certaine analogie avec la croûte de lait des jeunes chiens ou des enfants. Les pustules se crèvent, sécrètent un peu d'humeur qui agglutine et colle les plumes, et bientôt tout finit par se résoudre en une poussière épidermique grisâtre ou bleuâtre.

Il faut, comme dans la *variole* des oiseaux (*voyez ce mot*), bien se garder d'arrêter l'éruption de ces petits boutons gourmeux ; on devra, au contraire, tout faire pour les favoriser. Température tiède et douce, bonne alimentation. — (*Voyez variole*). — La gourme pourrait être contagieuse et, dans ce cas, les mesures de désinfection s'imposent comme pour la variole.

Goutte. — Cette maladie affecte surtout les articulations des membres inférieurs des vieux oiseaux. La partie malade devient rouge, chaude, tuméfiée, douloureuse, le vieux malade reste constamment couché, ne sachant plus se tenir sur ses membres. On observe fréquemment en même temps de la diarrhée blanche. Comme cette affection, incurable jusqu'alors, n'atteint que les oiseaux d'agrément, on pourra essayer sur les régions malades, des frictions à la *pommade à l'acide salicylique* à 10 0/0 et, en même temps, on administrera par jour, un à la fois, des *granules de salicylate de lithine* au centigramme.

Comme préventif : *sel de Vichy* dans l'eau des boissons, verdure, racines cuites dans le régime, exercice ; soustraire les oiseaux exposés à la maladie au froid humide.

Indigestions de l'Estomac. — Le véritable estomac digérant des oiseaux, le ventricule succenturié, est le réservoir qui fait suite au jabot et qui précède le gésier. Dans certaines conditions spéciales : mauvaise qualité des aliments, excès ou manque de quantité, manque de gravier, etc., l'estomac succenturié est engoué et ne fonctionne plus. Ce n'est souvent qu'après la mort d'un ou plusieurs oiseaux que l'on reconnaît, à l'autopsie, la maladie dont sont atteints ou menacés les autres.

On doit administrer aux malades un peu de beurre frais par petites portions répétées ou un peu d'*huile d'olive*, de deux à cinq grammes, suivant la force ou la taille des malades. La *vaseline blanche* pure peut, au besoin, remplir le même rôle ; on peut également recourir à la *glycérine neutre.*

Inflammation de l'oviducte. — L'excès d'alimentation poussant à la ponte exagérée, les œufs trop volumineux peuvent, dans une certaine mesure, amener cette maladie. Dans ce cas, les œufs engagés dans ce canal ne circulent plus, ils s'arrêtent, formant dans le canal une sorte de tumeur qui n'est constituée que par un ou plusieurs œufs dont la matière est coagulée et enrobée autour d'un noyau centrale constitué lui-même par un premier œuf. Ces tumeurs atteignent parfois des volumes considérables chez la poule et peuvent peser jusque 350 grammes. Par l'exploration du canal avec le doigt, on peut sentir la tumeur et à l'aide d'*huile* ou de *glycérine neutre*, lubrifiant les parois, arriver à l'expulsion, totalement ou par portions. Après l'opération, procéder à un nettoyage complet à l'aide d'*eau tiède crésylée*.

Inflammation de la glande uropygienne. — Il existe chez tous les oiseaux, au-dessus de là queue, sur le croupion, une glande, baptisée par le vulgaire sous le nom de *bouton*. Cette glande sécrète une espèce d'huile, dont l'oiseau se sert pour lustrer ses plumes. De son bec, il presse la glande, l'imprègne de cette huile et fait sa toilette. Les oiseaux d'eau, en lustrant leurs plumes, remplissent un autre but : ils les rendent imperméables à l'eau. Si, pour une raison ou pour une autre, cette glande vient à s'enflammer et à s'abcéder, il peut être utile de favoriser la formation du pus par quelques onctions de *vaseline* et au besoin de donner écoulement au pus et soigner la plaie par quelques gouttes *d'eau crésylée*, mais il faut bien se garder de prendre la glande elle-même pour un abcès. Si on n'est pas sûr, le mieux est de n'agir qu'après avoir, par comparaison, examiné la glande d'autres oiseaux sains. On sera vite fixé.

Inflammation de l'intestin. — (Voyez *Diarrhée*).

Maladie de l'aile des pigeons voyageurs. — (Voyez *Arthrite de l'aile*).

Maladies du bec. — *Déformations*. — Elles sont héréditaires et se reproduisent invariablement avec les mêmes coqs. Elles deviennent surtout apparentes quelques semaines après l'éclosion. Avoir soin de réformer de l'élevage tout sujet de conformation anormale.

Altération de la substance cornée. — Une sorte de dartre de la corne peut se développer, dans certains cas, sur la mandibule supérieure ; nettoyer à fond et toucher, une fois par jour, avec du *perchlorure de fer liquide* ou une solution de *sulfate de cuivre* à 10 0/0.

Maladie du bouton chez les oiseaux. — Cette maladie, d'après les mêmes malins qui trouvent la pépie sur les langues de toutes les volailles, serait très fréquente ; elle est, au contraire, très rare. — (Voyez *Inflammation des glandes uropygiennes*).

Maladies du foie. — On est étonné, quand on fait de nombreuses autopsies, de la fréquence des maladies du foie chez les oiseaux ; le rôle important et le volume énorme de cet organe en justifient en quelque sorte les désordres pathologiques.

Congestion du foie. — Elles est fréquente chez les oiseaux gras exposés au froid, l'hiver. A l'autopsie, on constate une rupture de l'organe avec une hémorragie interne plus ou moins abondante.

Arrêt de l'écoulement du contenu de la vésicule biliaire. — Même cause.

Dégénérescence graisseuse du foie. — *Foie gras.* — Ne se reconnaît également qu'à l'autopsie ; le foie est décoloré, très friable, s'écrasant avec la plus grande facilité. Dans le foie gras, cet organe est imprégné de graisse, provoquée par une alimentation spéciale à base de *farine de maïs.* Pour toutes ces affections, modifier le régime, rejeter les aliments farineux, insister sur la diète et les rations azotées avec beaucoup de verdure prise en liberté, *farine de viande* en pâtée, purgation avec un grain *d'aloès, sel de Vichy* dans l'eau de boisson des oiseaux et une goutte *d'éther.*

Maladie des Pigeonneaux. — Dans de nombreux colombiers, après douze à quinze jours, trois semaines au plus, tous les pigeonneaux périssent, l'élevage est anéanti et la mortalité réapparaît invariablement à chaque couvée des mêmes parents. La gorge et l'œsophage sont remplis de fausses membranes. C'est de la *diphtérie (voyez ce mot)* que les pigeonneaux contractent à leurs parents malades.

La suppression de ces reproducteurs et la désinfection des nids et colombiers s'imposent.

On pourrait y joindre aux parents et aux petits l'injection de 2 centimètres cubes de sérum anti-diphtérique de Roux, sous la peau de la cuisse. Des essais faits par nous dans ce sens, sont très encourageants(1).

Maladie de la plume ou acariase des plumes. — De même que le corps des oiseaux, la plume a ses parasites spéciaux, poux et acares. Ces insectes sont généralement peu dangereux. Dès que l'on craint leur extension, un simple bain sulfureux comme celui que nous indiquons pour le *pou* (*voyez ce mot*) suffira. Ce serait même une bonne mesure d'hygiène au commencement de l'été et au début de l'automne, de procéder à *une baignade générale* de tous les oiseaux dans un bain de barèges. L'odeur sulfureuse persiste longtemps dans la plume et met les oiseaux à l'abri pour plusieurs mois des attaques des insectes qui ne demandent qu'à pulluler pendant les chaleurs estivales.

Maladies des organes génitaux des femelles. — De même que les mâles, les femelles peuvent également être atteintes de stérilité dans les ovaires : atrophie, hypertrophie, dégénérescence, tumeurs cancéreuses, gangrène totale, etc. Ce n'est qu'après la mort des malades et par l'autopsie, qu'on est fixé sur la nature de leur maladie.

(1) On trouve ce liquide à l'Institut Pasteur à Paris.

Maladies des organes génitaux des mâles. — L'atrophie ou l'hypertrophie des testicules s'observe quelquefois chez le coq et devient la cause de la non fécondation et des œufs clairs. Ces lésions de l'appareil génital se retrouvent à l'autopsie et expliquent les causes d'infécondation des œufs ; ils se deviennent rarement du vivant des oiseaux. Les oiseaux de cage et d'agrément sont souvent affectés de lésions diverses de ces organes.

Maladies des reins et des uretères. — Elles sont assez fréquentes chez les oiseaux vivant en captivité et fortement nourris. La diarrhée blanche peut en être un indice. — (*Voyez ce mot*). — Ce n'est qu'à l'autopsie des oiseaux morts qu'on est bien fixé sur la nature de la maladie. Modifier l'alimentation trop riche, trop azotée ; y introduire de la verdure, des fruits ou des racines cuites, de la laitue, etc. *Sel de Vichy*, dans les boissons des abreuvoirs, 5 à 10 grammes par litre d'eau.

Monostomes. — Helminthe parasite des sinus de la cavité orbitaire des oiseaux aquatiques, l'oie principalement, et qui peut parfois faire périr les oiseaux d'étouffement. La maladie est assez fréquente, la mortalité est rare.

On ne reconnaît la maladie, souvent, qu'après la mort des malades, par l'autopsie. L'*eau crésylée* à 2 0/0 introduite dans le sinus pourrait être tentée.

Mouches parasites des oiseaux. — Les pigeons, les hirondelles surtout sont ravagés par des mouches plates, dures, grisâtres, aussi grosses que les mouches domestiques ordinaires qui pullulent dans nos habitations. Elles vivent sous la plume, se fixent sur la peau et se repaissent de sang. Certaines hirondelles jeunes en sont tellement infestées, anémiées, épuisées, qu'elles ne peuvent plus voler. Nous en avons rencontré jusque 12 et 14 sur le corps d'une jeune hirondelle sortant du nid et qui s'est laissée prendre à la main ; nous en avons également rencontré sur le cadavre d'un pigeon envoyé à fin d'autopsie, de Chartres. Enlever les oiseaux du pigeonnier, faire une *fumigation sulfureuse*, tous les orifices bouchés. Aux oiseaux, bain complet dans une solution de *sulfure de potassion* (*sel de Barèges*), 20 grammes par litre d'eau chaude.

Mue pénible ou difficile. — Le remplacement bisannuel des plumes du corps des oiseaux constitue la mue. Si ce phénomène s'opère lentement et avec peine, on l'activera en augmentant la ration des oiseaux et surtout en l'enrichissant de matières azotées et au besoin d'un peu de *viande en farine*, de *sang desséché* dans les pâtées, d'*os concassés* pour volailles, de grosseur appropriée, de *poudre tonique*.

Maladies vermineuses de l'intestin chez les oiseaux. — L'intestin des oiseaux peut servir d'hôte à plus de trente espèces de vers ou tœnias. Les poules et les pigeons sont, de tous les oiseaux ceux qui sont le plus ravagés par ces parasites. On met sur le compte du nitrate de soude répandu comme engrais dans les champs en couverture, la mortalité des pigeons due souvent à des vers. Les pigeons malades sont maigres, étiques, ne sachant plus voler; certains présentent des symptômes d'épilepsie. Cette entérite étant contagieuse, fait souvent beaucoup de victimes.

Il existe également, mais moins répandue, une *entérite vermineuse des canards*; elle ne présente rien de particulier. Les oiseaux de volière, perruches, perroquets, etc., sont quelquefois atteints de la même maladie. A tous, faire prendre pendant quelques jours dans le grain cuit à l'eau, un vermifuge. On peut également avoir recours aux pâtées de semen-contra, aux sommités d'absinthe mélangées cuites à la ration, à l'ail pilée, à l'acide salicylique dans l'eau des boissons. Rien n'égale notre vermifuge (Voir la composition de la *Poudre vermifuge à constipation*, page 13), un à deux grammes par tête et par jour, qui détruit à la fois les vers et les tœnias. Désinfecter les colombiers et poulaillers, enlever les fientes, jeter partout sur le sol et dans les cours de la chaux en poudre.

Maladies des yeux. — En général, les maladies des yeux des oiseaux sont dues à du coryza (*voyez ce mot*) ou à de la diphtérie (*voyez ce mot*).

Certaines ophtalmies dues à des poussières irritantes ou à l'odeur ammoniacale des colombiers ou poulaillers peuvent exister cependant. On les traitera simplement à l'aide du *collyre* composé d'un litre d'eau de pluie bouillie dans laquelle on versera une cuillerée à café de crésyl Jeyès.

Abcès orbitaires. — Ces abcès, de nature diphtérique, renferment ou du pus concret ou une sorte de sérosité huileuse qui s'écoule dès qu'on les ponctionne. Après les avoir vidés et en avoir séché la cavité avec un *tampon de ouate*, en badigeonner l'intérieur avec un peu de *teinture d'iode*.

Obstruction du bec. — Accident assez rare, dû en général à un corps étranger trop volumineux saisi par l'oiseau, dans le but de le déglutir et calé entre les mandibules. Il suffit de s'apercevoir du fait pour y remédier immédiatement par l'extirpation à l'aide de petites pinces à griffes ou tout autrement.

Obstruction intestinale. — Elle peut être causée par des corps étrangers, excès de graviers, ou par des aliments, grains, etc., ayant traversé l'estomac et le gésier sans avoir été modifiés par suite d'une sorte d'atonie de l'appareil digestif. Alors c'est dans le rectum que s'accumulent ces matières. — (Voyez pour le traitement, le mot *Constipation.*) — Dans d'autres cas, c'est par des vers intestinaux que sont bourrés les intestins. — (Voyez *Maladies vermineuses*). — Ces vers déterminent de véritables entérites ou

inflammation de l'intestin qui font périr les volailles
en grand nombre et que l'on ne reconnaît qu'à l'autopsie, après la mort des malades, comme du reste
de beaucoup d'autres affections des oiseaux de basse-
cour.

Obstruction du jabot. — Cet organe se trouve parfois tellement rempli qu'il se trouve dans l'impossi-
bilité de réagir et de se vider dans le ventricule qui
lui fait suite à cause de cette *surcharge* qui en para-
lyse les parois. Dans les cas que nous avons observés
sur des poules, c'était par des brins de foin sec mê-
lés à des aliments ordinaires que l'obstruction avait
lieu. Chez le pigeon, c'est par de petites fèves qui
s'étaient gonflées dans le jabot, que s'était produit
l'obstruction.

On peut y remédier en tentant de vider le contenu
du jabot par le bec, en introduisant dans l'organe
quelques *grumeaux de beurre frais* sans sel et en ma-
laxant le contenu du jabot à travers la peau et les
parois de la région, en tenant la tête basse. Si on
n'obtient pas de résultat, on a recours à l'opération.
Avec les précautions ordinaires, on fend la peau, on
ouvre la paroi du jabot à l'aide d'un canif coupant
très bien, on vide le contenu, on lave ce réservoir
avec un peu d'*eau crésylée tiède*, on referme la plaie
par quelques points de suture faits sur les parois du
jabot d'abord, sur la peau du cou ensuite, on couvre
la plaie d'un enduit *cicatrisant*, on tient à la diète
pendant quelques jours.

Obstruction du pharynx. — Déglutition d'un aliment trop volumineux : fruit, graine, tubercule, racine ou corps étranger quelconque. On y remédie par une pression méthodique de bas en haut et des deux côtés de l'œsophage et du pharynx; lorsqu'il est à portée et visible, on l'extrait comme dans le cas précédent.

Il est toujours bon, lorsqu'un oiseau ne mange pas, d'examiner le bec et d'explorer le pharynx et l'œsophage.

Œufs sans coquilles. — (Voyez *Œufs hardés.*)

Œufs hardés. — Une légère irritation ou inflammation de la chambre coquillère dans laquelle l'œuf, en passant, se revêt de la coque dure et calcaire qu'on lui connaît, suffit quelquefois pour ne plus sécréter de matière calcaire, et alors l'œuf expulsé est simplement revêtu d'une forte peau; quand il ne reste pas sous cette forme dans l'oviducte. — (Voyez *Œuf arrêté dans l'oviducte.*)

Les œufs hardés lorsque l'oviducte est parfaitement sain, sont toujours les indices d'un manque de calcaire dans l'alimentation des volailles. Les *écailles d'huîtres pulvérisées* et par dessus tout la *farine d'os* pour volailles, sont tout indiquées contre cette affection. En même temps que la matière calcaire, l'oiseau trouve à sa disposition une certaine dose de matières azotées, nutritives, puisées dans l'os nature, en même temps que l'acide phosphorique nécessaire à sa charpente, tous éléments, en un mot, favorisant la ponte des oiseaux.

Œuf couvé dans l'oviducte. — L'œuf, dans certains cas, bien constitué et fécondé avec sa coquille résistante, arrêté dans l'oviducte, au lieu de se cuire et de se coaguler, peut subir un commencement d'incubation. Ce fait, assez rare, n'a en somme rien d'extraordinaire. On ne se doute du phénomène qu'à l'autopsie des oiseaux morts ou sacrifiés pendant la maladie. — (Voir *Inflammation de l'oviducte.*)

Picage. — L'arrachage des plumes des oiseaux, soit entre eux, soit par eux-mêmes, se nomme *picage.* Cette affection paraît être la cause d'un besoin impérieux, chez l'oiseau, d'éléments azotés. On la rencontre très fréquemment dans les basses-cours closes, chez les volailles fortes pondeuses et insuffisamment alimentées. Ce qui nous porte à croire que c'est là tout uniquement la cause de la maladie, c'est qu'il suffit de donner de la viande, du sang, des vers ou autres aliments azotés, pour voir cesser presque immédiatement le picage. On le prévient chez les oiseaux enfermés en leur distribuant de temps en temps un peu de *farine de viande*, de *sang desséché* ou en faisant usage de l'*os concassé pour volailles*, distribué tous les jours dans la ration.

Pelade des oiseaux. — Maladie de la peau assez rare et caractérisée par la chûte continue des plumes. Le corps se trouve de ce fait en partie dénudé. Cette maladie est également due à un champignon parasite qui se développe à la racine et dans le tuyau de la plume qui devient sèche et cassante. On la rencontre de préférence chez les oiseaux de volière ou d'agrément. Un *bain sulfureux* préparé comme celui des *poux* (*voyez ce mot*), répété une ou deux fois à quelques jours d'intervalle, suffit généralement à guérir les malades.

Pellagre. — Maladie de la peau chez l'homme qui paraît causée par du grain de maïs avarié, atteint de carie. Les mêmes grains consommés par les volailles, peuvent provoquer les mêmes résultats. On doit s'abstenir en général de grains avariés pour l'alimentation des oiseaux, et surtout de ceux frappés de carie.

Pépie. — Maladie aussi rare qu'on la croit fréquente dans le vulgaire, où l'on prend l'extrémité cornée du bout libre de la langue des oiseaux pour de la pépie.

La pépie, la vraie, est une inflammation de la langue qui s'entoure comme d'un fourreau de pellicules épidermiques desséchées et épaisses. On facilite l'élimination de ce fourreau en ramollissant sa substance à l'aide d'un pinceau trempé dans de la *glycérine*, du *beurre sans sel*, de la *crème*, de l'*huile douce* ou mieux dans une solution de *chlorate de potasse* à 5 0/0 dans de l'eau de pluie bouillie. C'est chez le serin que deux fois seulement depuis vingt ans, nous avons rencontré cette affection. A l'aide du pinceau, on détache cet enduit en ayant la précaution de respecter les parties vives.

Péricardite. — Comme la *pneumonie*, elle est caractérisée par un épanchement de sérosité glaireuse, sorte de gelée de groseilles autour du cœur, amenée par les mêmes causes que la *pneumonie* et la *pleurésie*. Le froid humide paraissant en être la cause déterminante, on lui opposera les mêmes moyens de traitement. — (*Voyez ces mots.*)

Pneumonie et Pleurésie. — Épanchement de liquide dans la poitrine et les sacs aériens. Elles paraissent être dues à une *congestion* ébauchée et incomplète du *poumon*. — (*Voyez ce mot.*) — On ne les reconnaît souvent qu'à l'autopsie des sujets morts. Elles comportent les mêmes moyens de traitement préventif que la congestion, ayant les mêmes causes.

Ponte difficile. — Le volume exagéré de l'œuf, l'inflammation ou simplement l'irritation de l'oviducte peut amener des difficultés dans la ponte. Dès qu'on s'en aperçoit, on peut essayer d'y remédier en lubrifiant le conduit, et si le doigt peut y pénétrer, agrandir modérément le canal en s'aidant du dehors par une compression méthodique faite sur le ventre. Chez les petits oiseaux, l'opération est moins facile. On peut briser l'œuf par écrasement, enlever les dé-

bris et nettoyer le canal par des *injections tièdes cré-
sylées* suivies d'un badigeonnage de la muqueuse
interne de l'organe, à l'aide d'un pinceau préalablement trempé dans de l'*huile douce* ou de la *glycérine
neutre*.

Poux des oiseaux. — Ils sont nombreux chez les
oiseaux et peuvent, en quelque sorte, se classer en
deux catégories : les parasites de la peau et ceux de
la plume.

Après la diphtérie, les poux sont peut-être les insectes les plus à craindre à cause des victimes qu'ils
font en élevage, surtout chez les oiseaux jeunes. On
les détruit sur le corps des oiseaux par un *bain sulfureux complet*, 20 grammes par litre d'eau chaude de
sel de barèges dans un vase en bois. On plonge l'oiseau tenu par les pattes et les ailes jusqu'au cou, un
aide tient la tête et empêche le liquide, légèrement
caustique, de mouiller les yeux. L'immersion se fait
verticalement des pattes vers la tête, à rebrousse-
plumes. On comprime le patient légèrement pour
enlever l'excès de liquide et on l'abandonne, l'été à
l'ombre, l'hiver dans une chambre chaude jusqu'à
séchage complet. Le poulailler ou le colombier seront traités spécialement comme pour les *Punaises*.
(*Voyez ce mot*).

Phtisie ou Etisie. — (Voyez *Tuberculose* et *Vers*). —
Les oiseaux peuvent être étiques, réduits à la plus
grande misère physiologique, sans être pour cela

tuberculeux ; les vers suffisent, à eux seuls, pour les mettre dans cet état. Les deux maladies peuvent existent en même temps.

Puces des oiseaux. — Chaque variété d'oiseaux semble avoir sa puce spéciale qui peut rester quelques heures sur la peau de l'homme sans cependant pouvoir y vivre constamment. Les larves de puces, sorte de petits vers vivant sur le sol et dans les parquets des poulaillers et colombiers, seront détruits facilement par de l'eau bouillante, de l'eau acidulée, 50 grammes par litre *d'acide sulfurique* pour un nettoyage complet du local, et un épandage de *chaux en poudre* sur le sol, les niches, pondoirs, etc. Quant aux insectes vivant sur les oiseaux, un bain sulfureux à 20 grammes de *sel de barèges* par litre d'eau chaude suffira toujours.

Punaises. — De même que nos lits peuvent être infestés de punaises, les nids et les locaux qui servent d'abris aux oiseaux peuvent eux-mêmes être garnis de cet insecte qui n'est pas du tout le même que celui de l'homme. Certains poulaillers et colombiers en sont tellement infestés, qu'il n'est plus possible d'y faire de l'élevage et que les habitants eux-mêmes désertent et s'éloignent de ces milieux où ils sont sans cesse tourmentés. La peau des pigeonneaux est perforée comme un crible, ils ne tardent pas à périr de fatigue et d'épuisement dans leurs nids. Enlever tous les oiseaux, boucher hermétiquement toutes les issues et brûler dans le local 30 grammes de *soufre* par mètre cube de capacité. Laisser fermer pendant 24 heures, procéder à un nettoyage complet du local, *blanchir à la chaux*. Renouveler l'opération à 15 jours d'intervalle si cela semble nécessaire.

Rachitisme. — Les vices d'alimentation chez les jeunes oiseaux comme chez tous les animaux élevés ou domestiqués par l'homme, sont sujets à une même affection, sorte de misère physiologique arrêtant le développement de la charpente, ratatinant les individus qui restent estropiés et déformés. On oublie qu'à l'état de nature, les oiseaux vivent au nid presque exclusivement de vers, chenilles, insectes, mouches, etc. On a la prétention de les élever dé bouillies ou pâtées farineuses, de les engraisser comme des pourceaux. Au lieu de les élever et de les faire grandir, la charpente reste en route, les os se courbent, se déforment, le rachitisme apparaît, les doigts se crispent et se ferment. Malgré une abondante alimentation antiphysiologique, le jeune oiseau maigrit, s'étiole et meurt de décrépitude avant l'âge.

C'est généralement ce qui se produit chez tous les éleveurs trop savants, voulant faire mieux que nature et s'inspirant d'éleveurs sur ronds de cuir non moins savants, prodiguant leurs conseils dans les revues et journaux, incapables eux-mêmes d'amener à bien l'élevage d'un moineau.

L'alimentation doit être, dès le début, fortement azotée, sans excès, ni trop sèche, ni trop humide, *sang desséché, farine de viande,* mie de pain rassis, le tout légèrement humecté, verdure hachée, salade, etc., à discrétion, *poudre d'os, os concassés,* selon la taille ; arriver après 3 semaines à une ration de grain sain et sec, liberté grande sur un gazon la plus grande partie de la journée, ombre si le soleil est trop chaud.

Renversement de l'oviducte. — — La chute ou renversement de l'oviducte n'est pas très rare après du surmenage de la ponte.

La maladie se présente sous la forme d'une tumeur plus ou moins volumineuse, rouge violacé, qui sort de l'anus couverte de poussières, pailles, fientes, etc. Un œuf peut même être engagé et arrêté dans la poche, suspendu comme dans un filet.

La gangrène ne tarde pas à s'emparer de l'organe hernié ci à faire périr la malade. Après un lavage à l'eau tiède crésylée, on peut tenter de replacer l'organe si les parties herniées en sont trop malades ; on peut en risquer l'amputation directe simple ou la ligature à l'aide d'un lien en *soie aseptique,* en *crin de Florence* ou même en *caoutchouc,* et faire la section au-dessous. Les soins ultérieurs seront ceux de toutes les plaies en général : *eau crésylée, onction à la glycérine neutre.*

Rhumatisme des oiseaux. — (Voyez *Goutte).* — Chez les gallinacés vivant en plein air, la maladie est plus rare. Des bains de pieds alternés chauds et froids en ont très souvent raison. Après quelques bains, les doigts se détendent et la station debout reparaît. Si la maladie persiste, sacrifier les malades ; si les sujets sont précieux et rares, suivre le traitement de la *goutte*. — (*Voyez ce mot*).

Rupture du cœur et des vaisseaux. — Les hémorragies par suite de rupture du cœur ou des vaisseaux ne sont pas rares chez les oiseaux à sang épais trop fortement nourris. Elles semblent plus fréquentes chez les oiseaux de volière que chez ceux de basse-cour. On ne les constate qu'après la mort des sujets. On ne peut prendre que des mesures préventives chez les autres habitants de la volière ou du colombier, pour éviter le retour d'accidents de ce genre. Modifier et réduire l'alimentation trop nutritive : verdure, mouron, carottes cuites, racines, etc. Chez les pigeons, un peu *d'iodure de potassium* dans les boissons, 3 à 5 grammes par litre d'eau. *Sel de Vichy*, 20 grammes par litre,

Saignée. — Dans la congestion du cerveau, — (*voyez ce mot*), — nous avons conseillé la saignée. C'est à la veine humérale, sous l'aile, qu'elle se pratique à l'aide de la pointe d'un bistouri ou d'un canif bien effilé. On peut au besoin, par l'amputation de la crête en totalité ou en partie, par l'amputation des barbillons et même l'amputation de l'ongle du pouce, arriver à enlever assez de sang pour parer aux dangers menaçants de la *congestion cérébrale*.

Septicémie. — On a prétendu que cette affection variait du choléra des volailles en ce sens que la maladie avait un caractère typhoïdique et qu'elle pouvait être causée par des viandes gâtées ou pourries ingérées par les oiseaux de basse-cour vivant sur les fumiers des fermes, lesquels servent, on le sait, de réceptacles et de cimetières à tout ce qui crève dans l'exploitation : volailles, chiens, veaux, etc. Au fond, la maladie est toujours la même, peu importe à l'éleveur que le microbe varie. — (Voyez *Choléra des volailles*).

Suffocation par des matières alimentaires dans la trachée. — Cet accident se produit également pendant l'opération du gavage mécanique ou du gavage à l'entonnoir. Dans ce cas, immédiatement après l'opération, on est tout étonné de trouver quelques oiseaux morts étouffés. L'autopsie confirme la maladresse de l'opérateur qui a dirigé les aliments demi-liquides dans une fausse voie.

Surcharge du jabot causée par des vers chez les canards. — C'est à la présence, sous la muqueuse du jabot, d'un petit ver filiforme étudié par RAILLET, d'Alfort (le *Trichosoma contortum*), qu'il faut attribuer cette maladie aperçue seulement chez les canards. On ignore encore si les autres oiseaux peuvent en être atteints. Par suite de leur présence et de leur nombre sous la muqueuse de l'organe, celle ci reste inerte et il se produit les mêmes effets et les mêmes résultats avec ses conséquences mortelles que dans le cas d'obstruction simple du jabot. Lorsque le traitement de l'obstruction simple du jabot (*voyez ce mot*) ne réussit pas par les moyens ordinaires que nous avons indiqués, il serait bon d'examiner la muqueuse du jabot à la loupe et de voir si, par transparence, ou même en la mettant à nu, on ne découvrirait point des lignes sinueuses et blanchâtres faisant saillie, indiquant la présence des vers. On ne connaît pas de traitement contre cette affection vermineuse. *L'essence de térébenthine badigeonnée* au pinceau sur la peau de la région occupée par le jabot est à essayer.

Teigne.— Maladie de la peau analogue à la teigne faveuse de l'homme et des animaux, causée par un champignon parasite connu sous le nom de *favus*. La maladie prend particuliérement sur la crête, les caroncules, autour des yeux, gagne les plumes de la tête et du cou qui se dénudent et prennent l'aspect d'une peau blanc sale, comme plâtrée. Elle est contagieuse des oiseaux entre eux et des oiseaux à l'homme. Elle peut faire périr les oiseaux, nuire à la vue et à l'ouïe des malades abandonnés à eux-mêmes. Tremper les croûtes d'une *onction de glycérine*, laver les régions malades, appliquer au pinceau une solution de *liqueur de Van Swieten* ou *d'onguent citrin*, continuer le traitement en alternant par des lavages répétés tous les cinq jours avec de *l'eau de barèges* et de l'onguent jusqu'à guérison.

Torticolis. — Cette affection, cactérisée par un renversement complet de la tête qui regarde en arrière, paraît due à une luxation des vertèbres du cou. On y pare en enfermant le cou dans un tube rigide en carton pour maintenir la réduction de la luxation.

Tumeurs. — On a rencontré quelquefois des tumeurs de diverses natures chez les oiseaux : tumeurs cancéreuses, tumeurs malignes, tumeurs emphysémateuses, etc. Elles sont à la fois rares et peu intéressantes. Elles relèvent en général de la *chirurgie avicole.* — Dans ce cas, avoir recours à un *vétérinaire*, c'est ce qu'il y a de plus simple.

Tuberculose. — Maladie contagieuse très fréquente chez les animaux de basse-cour, assez rare chez les pigeons et oiseaux d'eau. On l'a confondue longtemps avec la diphtérie, surtout dans ses lésions internes : tuberculose du foie, de l'intestin. Chez les gallinacés vivants, elle se manifeste souvent par de la boiterie sans cause apparente (*arthrite tuberculeuse*). Dès qu'on la soupçonne, on pourrait presque la diagnostiquer à coup sûr par des pesées, tous les quinze jours, des sujets suspects, si l'alimentation ne fait pas défaut. Le plumage terne en est encore un autre indice.

A l'autopsie, les lésions du foie criblé de points blancs grisâtres, ne trompent pas, mêmes lésions parfois sur la rate, les poumons, l'intestin où les tubercules sont plus volumineux. Les oiseaux peuvent contracter la maladie à l'homme, ils ne peuvent la lui donner. Très contagieuse aux oiseaux vivants entre eux par les germes contenus dans les excréments des malades, qui peuvent contenir des myriades de spores ou germes. Faire disparaître les malades, examiner de très près les suspects, sacrifier tous les sujets maigres sans causes connues, désinfecter les locaux, cours. etc., avec de *l'eau crésylée* à 5 0/0 ou de *l'acide sulfurique dilué* à 5 0/0. Jeter de la *chaux en poudre* sous les perchoirs, dans le poulailler. Essayer les *fumigations créosotées* et superalimentation chez les oiseaux de grande valeur *huile de foie de morue créosotée*. Viande crue hachée, farine d'os, beurre frais.

Tuberculose du foie. — C'est généralement dans le foie que se trouvent le plus les lésions tuberculeuses, sous forme de tubercules ou petits points blanc jaunâtres plus ou moins durs. (Voyez *Tuberculose*).

Variole des oiseaux. — Le pigeon et le dindon en sont très fréquemment atteints. Il paraît que l'oie n'échappe pas à la maladie qui est très contagieuse chez les jeunes, et peut même devenir mortelle. C'est une affection de la peau caractérisée par une éruption de pustules ou poques jaunâtres plus ou moins foncées selon l'âge des pustules. Au début, elles ont l'apparence de verrues qui se dessèchent et tombent après trois ou quatre semaines. Elles affectent de préférence le pourtour des yeux, le tour du bec, le cou, le poitrail, etc. Quand les pustules de variole ne sortent pas à la peau ou que l'éruption se fait dans de mauvaises conditions, les sujets en souffrent et meurent. La maladie étant très contagieuse, on doit isoler les malades, désinfecter les nids ou placés qu'ils ont occupés. Les tenir dans un endroit chaud, sec et bien aéré, les nourrir très fortement pour favoriser l'éruption à la peau. On facilitera la dessiccation et la chute des pustules par quelques applications de *vaseline*. La *poudre tonique* entrera dans les rations, café en boisson, *poudre de viande, os concassés*.

Ver rouge. — Maladie spéciale des faisandeaux, causée comme la bronchite vermineuse des grands animaux, par la présence d'un petit ver (*syngamus trachealis*) dans la trachée. Les perdreaux peuvent être atteints de la maladie qui est contagieuse. Les malades périssent par étouffement. A l'autopsie, on trouve dans la trachée des petits vers rouges longs de 2 à 6 millimètres. Quand ces vers sont accouplés, ils paraissent fourchus, d'où le nom que certains faisandiers leur ont donné. Ils se fixent sur la muqueuse des bronches à la manière des sangsues. Comme pour les grands animaux, le traitement n'est pas facile ; on a tout essayé : *ail, urine, assafœtida, salicylate de soude* à un gramme pour cent d'eau, *fumigations d'essence, d'acide phénique, de souffre*. Finalement, on a essayé le traitement que nous avons préconisé pour les veaux, l'injection dans la trachée de la solution ci-dessus. Le sel marin semé dans les parquets infectés, détruit les œufs des vers.

Vers. — (Voyez *Maladies vermineuses de l'intestin chez les oiseaux*).

Pour avoir Beaucoup d'Œufs

Il faut de jeunes poules

Après 3 ans, une pondeuse doit être réformée.

Comment la reconnaître dans la basse-cour ?

LE BRACELET
pour Volailles et Pigeons
de M. Aug. ELOIRE
Vétérinaire à CAUDRY (NORD)

rend cette opération facile et pratique.

Renseignements, prix et échantillons sur demande affranchie.

4

EMPOISONNEMENT DES VOLAILLES PAR DIVERS PRODUITS

Le Mouron rouge et le persil. — C'est à tort que ces deux plantes ont été considérées comme des poisons spéciaux pour les oiseaux. C'est en vain qu'expérimentalement, on a tenté d'empoisonner des oiseaux avec l'une ou l'autre de ces plantes.

La Nielle des blés (*Agrostemma githago*). — La graine noire de cette plante est un poison pour les volailles et les lapins, surtout si elle est réduite en farine et administrée en pâtée farineuse. Examiner la mouture et refuser celle qui présente des points noirs. Le café noir et le quinquina sont des contre-poisons à administrer aux volailles empoisonnées.

Seigle ergoté. — Produit la gangrène des extrémités. Les oiseaux ne mangent pas le grain en nature. En farine et réduit en bouillie, l'ergot de seigle peut être consommé et provoquer les désordres qui nous occupent.

Résidus de la distillerie de l'eau-de-vie de marc. — Les pépins de raisins venant de la distillerie des marcs, consommés par les oiseaux, peuvent les faire périr d'empoisonnement par l'alcool. Les lésions à l'autopsie sont : entérite, foie volumineux jaune et friable, ramollissement des reins, etc.

Pain moisi, farine et son avariés. — L'intoxication produite par des substances alimentaires avariées ou altérées amènent chez les oiseaux les mêmes lésions que chez l'homme et les grands animaux domestiques. Les champignons microscopiques en sont la cause.

Poisons minéraux, arsenic. — C'est généralement avec des préparations arsenicales destinées aux petits rongeurs (mort-aux-rats), abandonnées négligemment, que les volailles s'empoisonnent, à moins que le poison n'ait été jeté par une main criminelle dans la basse-cour.

Nitrate de soude. — Employé couramment dans la culture comme engrais, le nitrate de soude a parfois été la cause d'empoisonnement des volailles comme du reste des autres grands animaux de la ferme. C'est généralement avec les eaux de lavage des sacs pris en boisson par les volailles que cet accident se produit.

Sel marin. — Le sel marin provenant de la saumure de viande de porc salé, vidé dans la basse-cour, a pu également ment causer les mêmes accidents.

Phosphore. — La pâte phosphorée destinée aux rats a pu également empoisonner des volailles. Des bouts d'allumettes phosphorés mélangés à de la mie de pain et mis à la portée des oiseaux par des mains malveillantes sont également la cause d'empoisonnements par le phosphore.

Pommes de terre germées. — Les germes de la pomme de terre contiennent de la solanine, poison qui s'accumule dans l'économie et n'apparaît souvent qu'après plusieurs jours de consommation de pâtées de tubercules cuits.

Ailante ou vernis du Japon. — Les feuilles d'ailante ou vernis du Japon, mangées par des oiseaux complètement dépourvus de verdure, les fait périr assez rapidement. Des canards qui en avaient mangé des rejetons furent retrouvés morts le lendemain.

Ciguë et muguet. — Ces deux plantes, jetées sur le fumier d'une basse-cour, furent consommées par des oies privées de verdure et les firent périr.

Feuilles d'if. — L'if à baies (*taxus baccata*) est également un poison pour les volailles qui ne les prennent que parce que les autres plantes vertes leur font défaut.

Viandes altérées. — Les volailles mal entretenues sont très avides de chair, elles consomment parfois des viandes putréfiées abandonnées sur les fumiers et meurent empoisonnées par les alcaloïdes de la putréfaction botalisme « Voyez *Septicémie* ».

www.ingramcontent.com/pod-product-compliance
Ingram Content Group UK Ltd.
Pitfield, Milton Keynes, MK11 3LW, UK
UKHW020039100726
13658UKWH00003B/1426